FORSCHUNGSBERICHT DES LANDES NORDRHEIN-WESTFALEN

Nr. 2931/Fachgruppe Umwelt/Verkehr

Herausgegeben vom Minister für Wissenschaft und Forschung

Dr.-Ing. Manfred Schaffrath
Prof. Dr. techn. Franz Pischinger
Lehrstuhl für angewandte Thermodynamik
der Rhein.-Westf. Techn. Hochschule Aachen

Untersuchung von Wasserstoff als Brennstoff für Ottomotoren

Westdeutscher Verlag 1980

CIP-Kurztitelaufnahme der Deutschen Bibliothek

Schaffrath, Manfred:
Untersuchung von Wasserstoff als Brennstoff für Ottomotoren / Manfred Schaffrath ; Franz Pischinger. - Opladen : Westdeutscher Verlag, 1980.

(Forschungsberichte des Landes Nordrhein-Westfalen ; Nr. 2931 : Fachgruppe Umwelt, Verkehr)
ISBN-13: 978-3-531-02931-3 e-ISBN-13: 978-3-322-88485-5
DOI: 10.1007/978-3-322-88485-5
NE: Pischinger, Franz:

Gesamtherstellung: Westdeutscher Verlag

ISBN-13: 978-3-531-02931-3

Inhalt

1. Einleitung

Die zunehmende Verknappung flüssiger fossiler Brennstoffe erfordern die Untersuchung geeigneter alternativer Energieträger. Eine besondere Bedeutung kommt in diesem Zusammenhang dem Wasserstoff zu, der vielfach als ein möglicher Brennstoff für die Zukunft angesehen wird (5). Wasserstoff kann auch aus nicht fossilen Rohstoffen hergestellt werden und hat den Vorteil, daß nach der Verbrennung im wesentlichen wiederum das Ausgangsprodukt der Wasserstoffherstellung - das Wasser - entsteht.

Vor Einführung einer Wasserstofftechnologie sind jedoch noch eine Reihe von Problemen zu bewältigen. Hierzu gehören neben anderen die wirtschaftliche Wasserstofferzeugung und die Speicherung sowie Verteilung des Wasserstoffes. Außerdem muß die Möglichkeit der Verwendung des Wasserstoffes als Brennstoff zur Bereitstellung von Wärme und mechanischer Energie untersucht werden. Als mögliche Wärmekraftmaschine bietet sich hier der Verbrennungsmotor an. Neben dem Einsatz auf dem Transportsektor, bei dem die Speicherprobleme zu lösen sind, können vor allem auch stationäre Anwendungsfälle z. B. im Rahmen von Wärme-Kraft-Anlagen oder als Wärmepumpenantrieb als aussichtsreich angesehen werden.

Im Rahmen dieses Forschungsvorhabens wurde deshalb die Verbrennung von Wasserstoff im Hubkolbenmotor untersucht. Das Ziel war, einen konventionellen 4-Takt-Ottomotor möglichst optimal an die Eigenschaften des Brennstoffes anzupassen und einen zufriedenstellenden Motorbetrieb zu gewährleisten. Als Vergleichskriterien dienten die Versuchsergebnisse des mit Benzin betriebenen Motors.

2. Brennstoffeigenschaften

Die für die motorische Verbrennung bedeutungsvollen Brennstoffkennwerte sind für Wasserstoff und Benzin vergleichend in den Bildern 1 und 2 dargestellt.

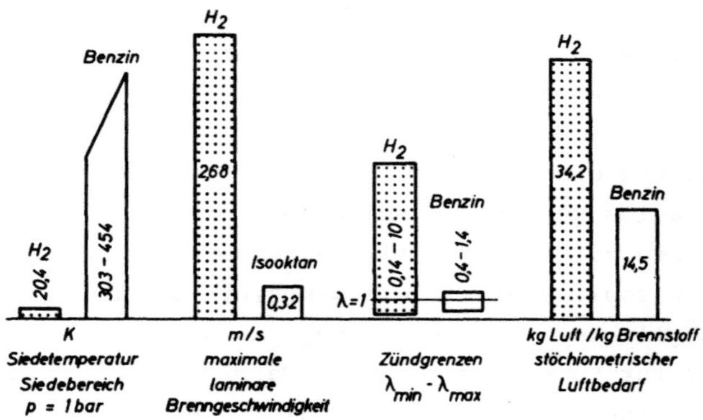

Bild 1: Brennstoffkennwerte I

Im Gegensatz zum flüssigen Kraftstoff Benzin befindet sich Wasserstoff bei Umgebungszustand in der Gasphase. Dadurch ergeben sich hinsichtlich der ottomotorischen Gemischbildung weniger Probleme als bei flüssigen Brennstoffen, zu deren "Vergasung" zunächst ein aufwendiges Gemischbildungssystem notwendig ist. Beim Wasserstoff erzielt man sehr schnell ein homogenes Gemisch auch ohne aufwendigen Gemischbildner. Bei Wasserstoffbetrieb kann es auch nicht zur Anlagerung von Brennstoff an die Saugrohrwände kommen, so daß im Gegensatz zum Benzinbetrieb auf eine Brennstoffanreicherung sowohl beim Kaltstart als auch beim Beschleunigungsvorgang verzichtet werden kann. Der Wasserstoffmotor ist ohne Zusatzeinrichtungen auch bei tiefen Temperaturen einfach zu starten und reagiert schnell auf eine veränderte Brennstoffzufuhr. Infolge der guten Homogenität des Gemisches ist bei Mehrzylindermotoren eine gleichmäßige Verteilung des Brennstoffes auf die einzelnen Zylinder gegeben.

Die maximale laminare Brenngeschwindigkeit, die näherungsweise als Indikator für die Durchbrennzeit des Zylinderinhalts angesehen werden kann, liegt für Wasserstoff sehr viel höher als zum Beispiel für Isooktan. Im Wasserstoffmotor findet deshalb eine wesentlich schnellere Energieumsetzung statt. Diese schnelle Energieumsetzung hat den Vorteil, daß die reale Zustandsänderung im Motor sich besser der thermodynamischen Idealvorstellung einer isochoren Verbrennung annähert, wodurch ein guter thermischer Wirkungsgrad erreicht werden kann. Aufgrund der thermodynamisch günstigen schnellen Energieumsetzung können sich aber infolge des dadurch bedingten steilen Druckanstieges im Brennraum gewisse Probleme hinsichtlich der mechanischen und thermischen Beanspruchung ergeben. Ein steiler Druckanstieg im Zylinder von Verbrennungsmotoren verursacht außerdem einen rauhen und lauten Lauf der Maschine.

Der Vergleich der Zündgrenzen von Wasserstoff-Luft- und Isooktan-Luft-Gemischen zeigt, daß für Wasserstoff-Luftgemische die obere Zündgrenze bei einer Luftverhältniszahl von 0,14 und die untere Zündgrenze bei 10 liegt. Diese Luftverhältniszahlen entsprechen einem volumetrischen Wasserstoffanteil von 4 bis 75 %. Diese Werte zeigen, daß Wasserstoff im Vergleich zu Benzin sehr weite Zündgrenzen besitzt. Diese gestatten einen ottomotorischen Betrieb mit homogener Mischung sowohl mit sehr fetten aber auch mit sehr mageren Gemischen ohne Fehlzündungen. Es ist deshalb möglich, innerhalb des gesamten Betriebsbereiches eine Qualitätsregelung, d.h. eine Leistungsregelung allein über die Masse des zugeführten Wasserstoffes ohne Drosselung der angesaugten Gemischmenge vorzunehmen. Der Fortfall der Drosselung und die Vermeidung der dadurch bedingten Verluste sorgt für eine deutliche Verbesserung des Wirkungsgrades im Teillastbereich. Die hohe Reaktionsfreudigkeit von Wasserstoff-Luft-Gemischen bringt für die ottomotorische Verbrennung allerdings auch Nachteile mit sich. So kann es während des Ansaugvorganges zu Rückzündungen ins Ansaugsystem kommen. Nach Abschluß des Ladungswechsels können Glüh- und Frühzündungen einen hohen Verbrennungsdruck bereits während des Verdichtungstaktes erzeugen. Durch die unkontrollierten Verbrennungen werden Wirkungsgrad und Leistung des Motors gemindert. Unter Umständen machen sie einen Motorbetrieb völlig unmöglich, so daß durch entsprechende Maßnahmen diese Erscheinungen sicher verhindert werden müssen.

Der stöchiometrische Luftbedarf ist bei Wasserstoff wesentlich höher als bei Benzin, so daß bei gleicher Brennstoffmenge und stöchiometrischer Verbrennung der Wasserstoffmotor mehr Luft benötigt. Eine stöchiometrische Mischung aus Brennstoff und Luft enthält bei Wasserstoff als Brennstoff volumenbezogen etwa 30 %, bei Benzin etwa 2 % Brennstoff.

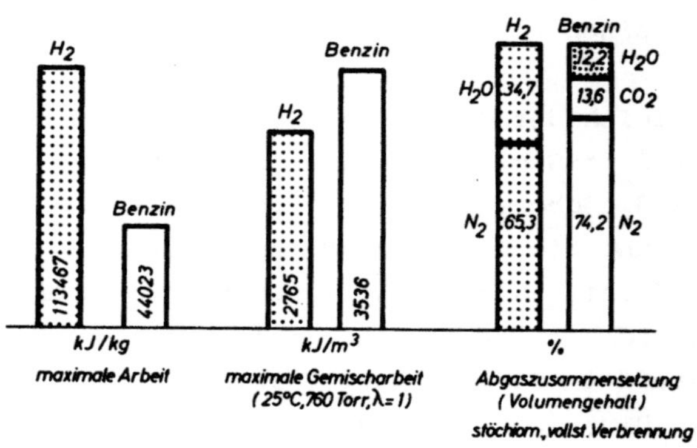

Bild 2: Brennstoffkennwerte II

Die maximale Arbeit (reversible Reaktionsarbeit) ist ein Maß für das Maximum an technischer Arbeit, welche bei idealer Prozeßführung aus 1 kg Brennstoff gewonnen werden kann. Diese auf die Brennstoffmasse bezogene Größe ist für Wasserstoff größer als für jeden anderen technisch einsetzbaren Brennstoff.

Für die Leistung eines Verbrennungsmotors ist der Energieinhalt der pro Arbeitsspiel in den Brennraum gelangenden Ladung entscheidend. Als Maß für die in der Volumeneinheit vorhandenen chemischen Energie wird die maximale Gemischarbeit verwendet. Die maximale Gemischarbeit einer stöchiometrischen Brennstoff-Luft-Mischung ist bei Benzin um etwa 28 % größer als bei Wasserstoff. Hieraus ist zu folgern, daß bei gleichem Hubvolumen, gleichem Luftaufwand und gleichem Wirkungsgrad der Wasserstoffmotor eine um den gleichen Anteil verminderte Leistung als der Benzinmotor liefern wird, wenn beide Motoren mit stöchiometrischem Brennstoff-Luft-Gemisch betrieben werden. Soll ein mit Wasserstoff betriebener Motor unter den oben angeführten Randbedingungen die gleichen Leistungswerte erreichen wie ein Benzinmotor, so muß entweder der Hubraum des Wasserstoffmotors vergrößert oder der Wasserstoff mit Hilfe einer Direkteinblasung nach Abschluß des Ladungswechsels bei höherem Druck eingeblasen werden.

Die Abgaszusammensetzung bei vollständiger stöchiometrischer Verbrennung zeigt, daß das Abgas wasserstoffbetriebener Motoren nur Wasser und Stickstoff enthält, während bei Motoren, die mit kohlenstoffhaltigen Brennstoffen betrieben werden, zusätzlich Kohlendioxid entsteht. Der Wassergehalt im Abgas von Wasserstoffmotoren ist deutlich höher als im Abgas benzinbetriebener Motoren. Dies kann - besonders bei kaltem Motor und niedrigen Außentemperaturen - dazu führen, daß hinter dem Auspuff des Fahrzeuges eine Wasserdampffahne entsteht.

Kohlenstoffhaltige Produkte einer unvollständigen Verbrennung wie Kohlenmonoxid und unverbrannte oder anoxidierte Kohlenwaserstoffe treten im Abgas des Wasserstoffmotors im Gegensatz zum Benzinmotor nicht auf. Als unverbrannter Kraftstoffrest ist lediglich Wasserstoff zu verzeichnen. Wasserstoff selbst ist aber - im Gegensatz zum Kraftstoff auf

Kohlenwasserstoff-Basis - als ungiftig zu betrachten. Das Abgas des mit Wasserstoff betriebenen Motors enthält außerdem weder Ruß noch Blei- oder Schwefelverbindungen. Infolge der Asche- und Bleifreiheit werden außerdem fast keine Festteilchen (Aerosole) emittiert.

Als einzige nennenswerte Schadstoffkomponente werden, wie bei allen Verbrennungsvorgängen, die bei hoher Temperatur und Anwesenheit von Luft ablaufen, Stickoxide gebildet.

3. Prüfstandsbeschreibung

Zur Durchführung der experimentellen Untersuchungen wurde ein Prüfstand mit einem Einzylinder-Otto-Motor benutzt. Die Besonderheiten des Gasbetriebes erforderten entsprechende Sicherheitsvorkehrungen, die in (1) ausführlich dargestellt sind.

Bei dem Versuchsträger handelt es sich um einen wassergekühlten Viertakt-Motor. Die Brennraumform und das Verdichtungsverhältnis können durch zwei zur Verfügung stehende Zylinderköpfe und entsprechend ausgelegte Kolben variiert werden. Der Motor hat einen vollständigen Massenausgleich erster Ordnung. Die Ventilsteuerzeiten lassen sich durch Verdrehen der Nocken in weiten Grenzen verstellen. Für die Versuche wurde eine Einstellung mit einer geringen Ventilüberschneidung (34 °KW) gewählt.

Grunddaten des Versuchsträgers:

Hersteller	AVL-Gesellschaft für Verbrennungskraftmaschinen und Meßtechnik mbH, Graz
Typ	530
Hub	80 mm
Bohrung	80 mm
Hubvolumen	403 cm^3
Nenndrehzahl	5000 min^{-1}
Verdichtungsverhältnis	9
Steuerzeiten	
Einlaß öffnet	18 °KW v. OT
Einlaß schließt	56 °KW n. UT
Auslaß öffnet	18 °KW v. UT
Auslaß schließt	16 °KW n. OT

Für die Untersuchungen mit Wasserstoff wurden im Laufe der experimentellen Arbeiten Änderungen am Grundaggregat vorgenommen und Zusatzeinrichtungen vorgesehen. So wurde zur Vermeidung von Rückzündungen in die Saugleitung ein Luftvorlagerungssystem installiert (Bild 3). Durch das dem Einlaßventil vorgelagerte Luftpolster wird erreicht, daß beim Öffnen des Einlaßventils zunächst nur Luft und kein zündfähiges Gemisch in den Brennraum einströmt. Diese Luft kühlt den Brennraum und die heißen Restgase ab. Mit Hilfe dieses Systems war ein rückzündfreier Betrieb im gesamten Drehzahl- und Lastbereich auch bei Verwendung von fetten Brennstoff-Luft-Gemischen möglich.

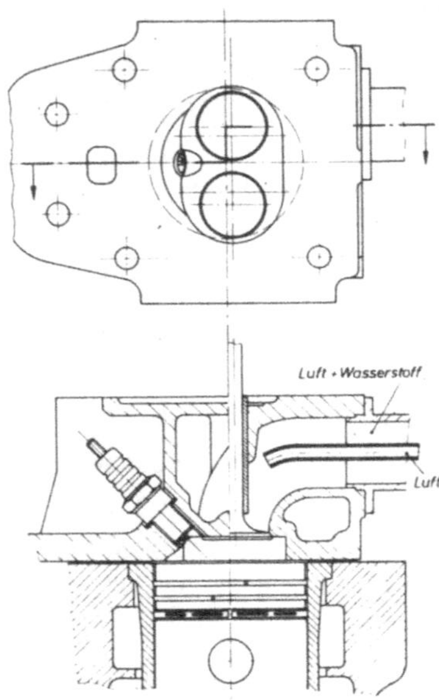

Bild 3: System zur Luftvorlagerung

Zur Verbesserung der Abdichtung des Brennraumes gegenüber dem Kurbelgehäuse wurde die Kolbenringbestückung geändert. Der oberste Kompressionsring wurde gegen einen Ring mit gasdichtem Stoß ausgetauscht. Dadurch konnte die Durchblasemenge und damit die Gefahr von Kurbelgehäuseexplosionen verringert werden. Ölkohleablagerungen bilden während des motorischen Betriebes Heißstellen, die Ausgangspunkt von Früh-, Glüh- und Rückzündungen sein können. Um Ölablagerungen zu vermeiden, wurde ein wirksamer Ölabstreifring eingesetzt.

Das ursprüngliche Auslaßventil wurde gegen ein natriumgekühltes Ventil ausgetauscht, um die Temperatur dieser "Heißstelle" abzusenken.

Als Zündkerzen wurden solche mit einem hohen Wärmewert (W 370) verwendet, um die Isolatorfußtemperatur möglichst niedrig zu halten. Dadurch wurde eine größere Sicherheit vor allem gegen Glüh- und Frühzündungen auch im hohen Drehzahl- und Lastbereich erzielt. Da sich bei Wasserstoffbetrieb praktisch keine Verbrennungsablagerungen bilden, ist die Gefahr der Verschmutzung, die für Zündkerzen mit derartigen Wärmewerten bei Benzinbetrieb sehr groß ist, nicht gegeben.

4. Leistung und Wirkungsgrad

4.1 Indizierter Mitteldruck

In Bild 4 sind vergleichend die indizierten Mitteldrücke des ungedrosselten, mit Wasserstoff bzw. Benzin betriebenen Motors in Abhängigkeit vom Luftverhältnis aufgetragen. Bei den Versuchen wurde der Zündzeitpunkt stets leistungsoptimal eingestellt. Die optimalen Zündzeitpunkte liegen bei Wasserstoffbetrieb deutlich später als bei Benzinbetrieb. Es zeigt sich, daß der Benzinmotor höhere Mitteldrücke als der Wasserstoffmotor erreicht. Der Wasserstoffmotor kann andererseits aber mit wesentlich größeren Luftverhältnissen betrieben werden. Es ist deshalb bei Wasserstoffbetrieb möglich, den gesamten Lastbereich mit reiner Qualitätsregelung zu überdecken. Im Gegensatz dazu muß beim benzinbetriebenen Motor zur Einstellung einer bestimmten Leistung die Ladungsmenge unter Einhaltung eines vergleichsweise kleinen Luftverhältnisbereiches mit Hilfe eines Drosselorgans geregelt werden.

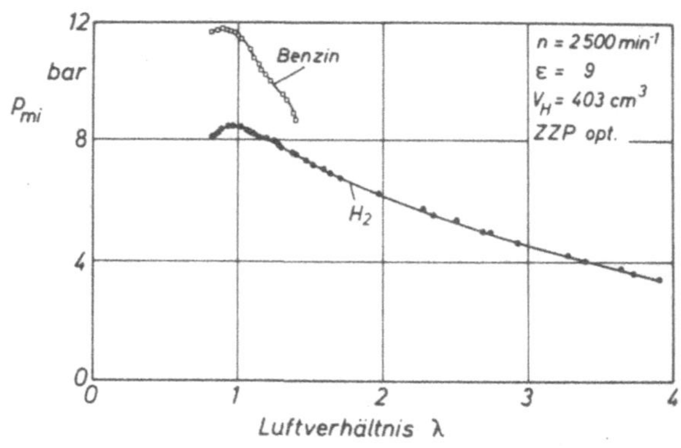

Bild 4: Indizierter Mitteldruck in Abhängigkeit vom Luftverhältnis bei einem ungedrosselten 1-Zyl.-Ottomotor

Für eine Analyse der aus Bild 4 hervorgehenden Leistungsdifferenz zwischen Benzin- und Wasserstoffbetrieb kann der Zusammenhang zwischen indiziertem Mitteldruck und der im angesaugten Brennstoff-Luft-Gemisch vorhandenen chemischen Energie benutzt werden:

$$p_{mi} = W_G \cdot \lambda_a \cdot \eta_i.$$

Die maximale Gemischarbeit W_G ist hierbei die auf das Gemischvolumen bezogene maximale Arbeit, die man bei der Durchführung eines idealen chemischen Prozesses aufgrund der chemischen Reaktion gewinnen kann. Der Luftaufwand λ_a kennzeichnet das Verhältnis der gesamten während eines Arbeitsspieles durch den Arbeitszylinder geförderten Gemischmasse zu der Gemischmasse, die der Füllung des geometrischen Hubraumes bei Umgebungszustand theoretisch entspricht. Der innere Wirkungsgrad η_i bezeichnet die auf Brennstoffverbrauch und maximale Arbeit bezogene Innenleistung.

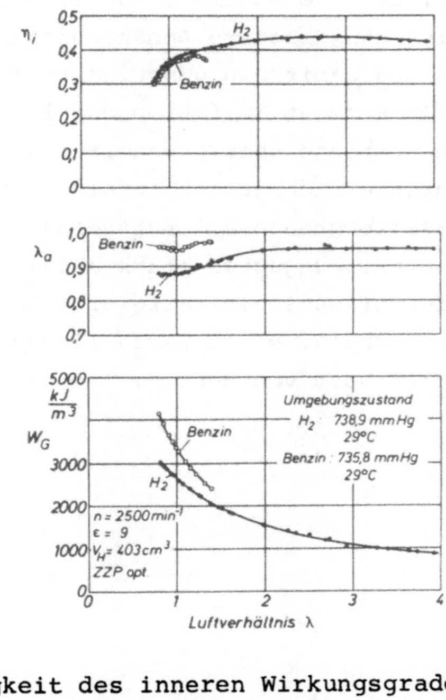

Bild 5: Abhängigkeit des inneren Wirkungsgrades, des Luftaufwandes und der max. Gemischarbeit vom Luftverhältnis bei einem 1-Zyl.-Ottomotor

Das Ergebnis der Analyse ist in Bild 5 dargestellt. Der niedrigere Mitteldruck bei Wasserstoffbetrieb ist demnach vor allem auf die kleinere maximale Gemischarbeit W_G des Wasserstoff-Luft-Gemisches zurückzuführen. Hinzu kommt, daß der Luftaufwand bei Benzin größer als bei Wasserstoff ist. Dieses kann vor allem auf die Gemischabkühlung bei der Benzinverdampfung zurückgeführt werden. Der Innenwirkungsgrad liegt bei Wasserstoffbetrieb in der Nähe des stöchiometrischen Luftverhältnisses geringfügig höher als bei Benzinbetrieb. Dieser Effekt kann allerdings die Leistungsminderung durch die beiden vorgenannten Einflüsse nicht aufwiegen. Wird von einem mit Wasserstoff betriebenen Motor die gleiche Leistung wie von einem Benzinmotor verlangt, so muß der Wasserstoffmotor einen entsprechend vergrößerten Hubraum aufweisen.

4.2 Wirkungsgrad und Gütegrad

Wasserstoff besitzt eine höhere Brenngeschwindigkeit als Benzin. Daher ist eine bessere Annäherung an die Gleichraumverbrennung und damit ein günstigerer Wirkungsgrad zu erwarten. Bild 6 zeigt im fetten und leicht mageren Bereich nur eine geringe Überlegenheit des Wasserstoffes. Während bei Benzinbetrieb jedoch infolge des Erreichens der mageren Aussetzergrenze bei Luftverhältnissen von etwa 1,4 der Innenwirkungsgrad stark abfällt, erreicht der Wasserstoffmotor optimale Werte erst bei Luftverhältnissen zwischen 2 und 4. Diese Werte liegen wesentlich über dem maximalen Wert von Benzin.

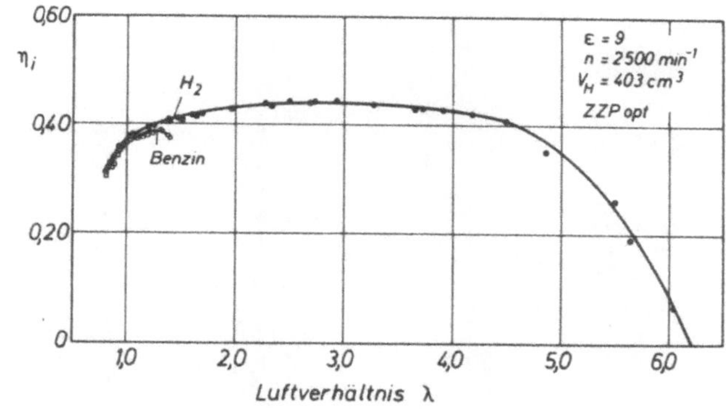

Bild 6: Innerer Wirkungsgrad eines ungedrosselten 1-Zyl.-Ottomotors

Zur Analyse der den Innenwirkungsgrad bestimmenden Einflußgrößen wurde der isochore Vergleichsprozeß mit Dissoziation in Abhängigkeit vom Luftverhältnis für das vorgegebene Verdichtungsverhältnis für Benzin- und Wasserstoffbetrieb berechnet. Ermittelt man die Wirkungsgrade dieses Vergleichsprozesses, so ergeben sich für Wasserstoffbetrieb etwas höhere Werte wie Bild 7 zeigt. Als Grund dürfte vor allen Dingen die Tatsache anzusehen sein, daß die Energieumsetzung bei der Wasserstoffverbrennung auf höherem und somit thermodynamisch günstigerem Temperaturniveau abläuft.

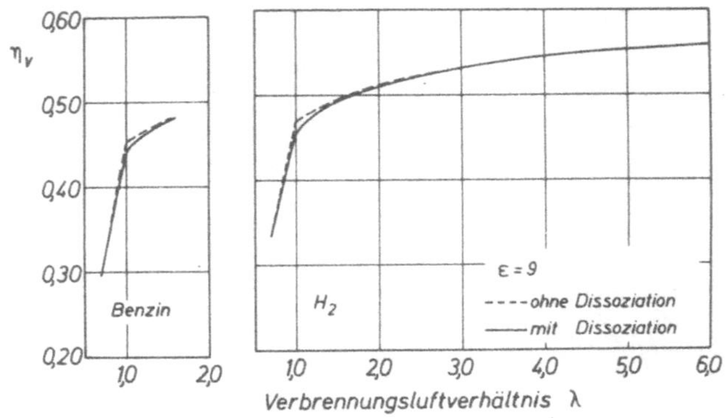

Bild 7: Wirkungsgrad des Vergleichsprozesses mit und ohne Dissoziation

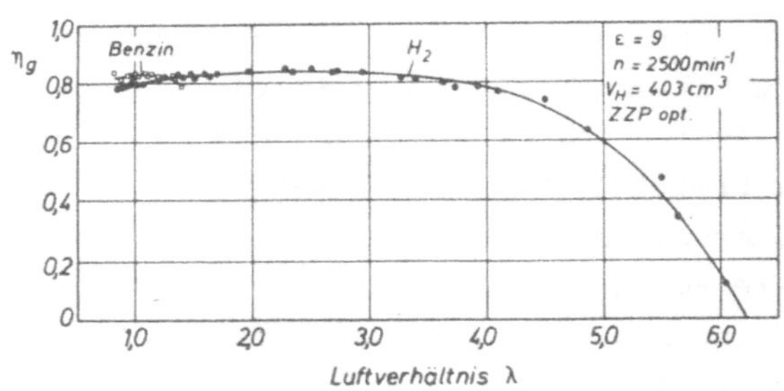

Bild 8: Gütegrad eines ungedrosselten 1-Zyl.-Ottomotors

Der Innenwirkungsgrad spiegelt diese Verbesserung nicht im gleichen Maße wieder. Demtentsprechend liegt - wie Bild 8 zeigt - der Gütegrad (Verhältnis von Innenwirkungsgrad und Wirkungsgrad des Vergleichsprozesses) bei der Wasserstoffverbrennung im Bereich von Luftverhältniszahlen kleiner 1,3 niedriger als bei der Benzinverbrennung. Bild 8 zeigt ebenso, daß erst bei Luftverhältniszahlen zwischen 2 und 3 der Gütegrad der Wasserstoffverbrennung die Bestwerte des Benzinbetriebes erreicht. In diesem Bereich findet aufgrund des abgesenkten Temperaturniveaus des Verbrennungsprozesses offensichtlich ein geringerer Wärmeübergang statt. Das Absinken des Gütegrades bei Luftverhältniszahlen größer als 3 läßt sich durch die mit dem Luftverhältnis zunehmende Abweichung der Verbrennung vom isochoren Verlauf erklären.

4.3 Einfluß des Verdichtungsverhältnisses

Alle Versuche mit Veränderung des Verdichtungsverhältnisses wurden mit Muldenbrennräumen im Kolben und ebenem Zylinderkopf gefahren. Das Verdichtungsverhältnis wurde dabei jeweils durch Anpassen der Kolbenmuldengröße realisiert. In den Bilder 9 und 10 sind die Ergebnisse dieser Versuche dargestellt. Für das kleinste Luftverhältnis 1,2 konnte bei den höheren Verdichtungsverhältnissen der Zündzeitpunkt wegen der zunehmend auftretenden Klopferscheinungen nicht mehr optimal eingestellt werden. Es wird deutlich, daß sowohl der innere Mitteldruck als auch der Innenwirkungsgrad mit dem Verdichtungsverhältnis zunehmen. Der positive Einfluß der Erhöhung des Verdichtungsverhältnisses wird jedoch mit zunehmendem Verdichtungsverhältnis geringer. Es erscheint daher bei diesem Motor nicht sinnvoll, Verdichtungsverhältnisse zu verwirklichen, die sehr viel größer als 10 sind, da der mögliche Wirkungsgrad - bzw. Mitteldruckgewinn sehr gering ist, die Neigung zu abnormalen Verbrennungserscheinungen wegen des höheren Temperaturniveaus jedoch stark zunimmt.

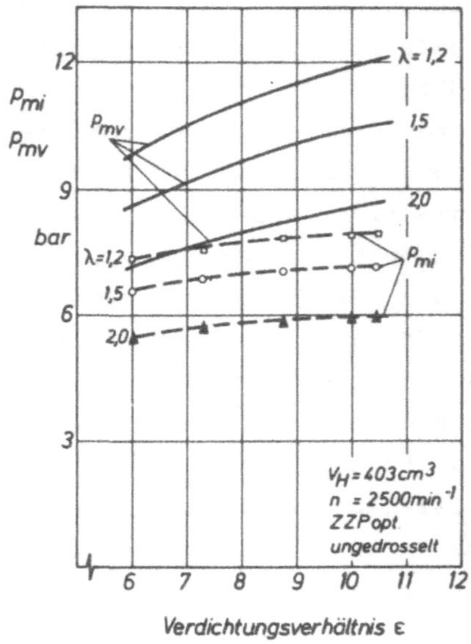

Bild 9: Einfluß des Verdichtungsverhältnisses auf den Mitteldruck bei Wasserstoffbetrieb

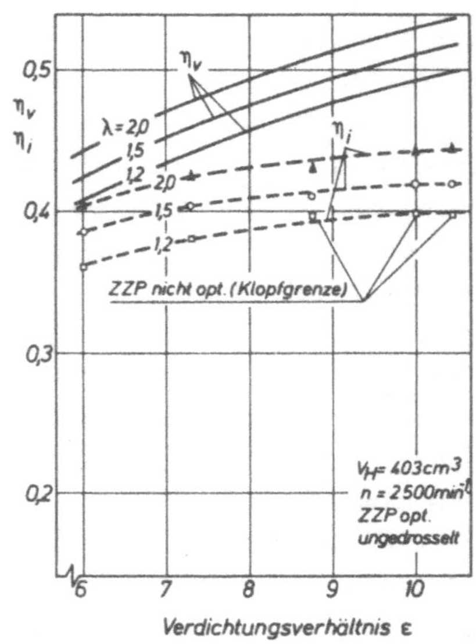

Bild 10: Einfluß des Verdichtungsverhältnisses auf den Wirkungsgrad bei Wasserstoffbetrieb

In den gleichen Diagrammen sind zusätzlich die Ergebnisse entsprechender isochorer Vergleichsprozeßrechnungen dargestellt. Es zeigt sich, daß der Mitteldruck bzw. der Wirkungsgrad des Vergleichsprozesses in stärkerem Maße mit dem Verdichtungsverhältnis steigt, als der indizierte Mitteldruck und Wirkungsgrad des realen mit Wasserstoff betriebenen Motors. Die Erklärung für diesen Effekt dürfte darin zu suchen sein, daß ein höheres Verdichtungsverhältnis ein erhöhtes Temperaturniveau des Prozesses bedingt. Dieses führt zu einem vergrößerten Wärmestrom an das Kühlmedium.

5. Schadstoffemission

Wie bereits ausgeführt, sind die Stickoxide als einzige kritische Emission des Wasserstoffmotors anzusehen. Im Abgas eines mit Wasserstoff betriebenen Motors lassen sich allerdings auch Kohlenmonoxid und unverbrannte Kohlenwasserstoffe nachweisen, die durch eine teilweise Verbrennung des in den Brennraum gelangenden Schmieröls entstehen. Wie Messungen zeigen, ist jedoch die Größe dieser Emissionen so gering, daß eine weitere Betrachtung nicht notwendig erscheint.

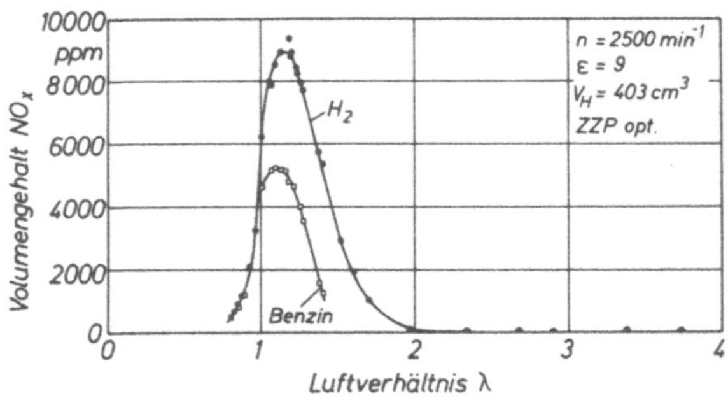

Bild 11: NO_x-Emission eines ungedrosselten 1-Zyl.-Ottomotors (getrocknetes Abgas)

Bild 11 zeigt vergleichend die NO_x-Emission in Abhängigkeit vom Luftverhältnis für den mit Benzin und Wasserstoff betriebenen Ottomotor, wenn eine homogene Gemischbildung verwendet wird. Der mit einem Chemoluminiszens-Gerät gemessene Volumengehalt an Stickoxiden im trockenen Abgas ist für Wasserstoff deutlich höher als für Benzin. Als Maximalwert werden bei Wasserstoffbetrieb ca. 9000 ppm erreicht, während der Höchstwert des mit Benzin betriebenen Motors bei etwa 5000 ppm liegt. Bemerkenswert ist, daß bei einer Benzinverbrennung im gesamten möglichen Luftverhältnisbereich Stickoxide entstehen. Dagegen wird bei Wasserstoffbetrieb mit Luftverhältniszahlen oberhalb von 2 praktisch kein Stickoxid bei der Verbrennung gebildet. Es ist jedoch anzumerken, daß der Unterschied zwischen Wasserstoff und Benzin bei Angabe des Schadstoffgehaltes in ppm durch den Bezug auf getrocknetes Abgas besonders deutlich ausgeprägt ist. Würde feuchtes Abgas, so wie es vom Motor ausgeschoben wird, als Grundlage für die Bestimmung des Schadstoffvolumengehaltes dienen, so würde der Unterschied wegen des viel höheren Wassergehaltes im Abgas des Wasserstoffmotors erheblich verringert werden.

5.1 Einfluß des Zündzeitpunktes

Bei den Versuchen, deren Ergebnisse in Bild 11 gezeigt sind, wurde der Zündzeitpunkt jeweils leistungsoptimal eingestellt. Es ist vom benzinbetriebenen Ottomotor bekannt, daß der Zündzeitpunkt einen deutlichen Einfluß auf die Temperatur während der Verbrennung und damit auf die Stickoxid-Bildung hat. Den Einfluß des Zündzeitpunktes auf die Stickoxidemission des mit Wasserstoff betriebenen Motors zeigt Bild 12. Ausgehend von dem leistungs- bzw. wirkungsgrad-optimalen Zündzeitpunkt wurde jeweils bei konstant gehaltenem Luftverhältnis die Zündung in Richtung spät verstellt. Es wird deutlich, daß der NO_x-Ausstoß reduziert werden kann, wenn eine Wirkungsgradeinbuße in Kauf genommen wird. Eine deutliche Reduktion ohne allzu große Wirkungsgradnachteile kann allerdings nur für Luftverhältnisse erwartet werden, die größer als das Luftverhältnis sind, bei dem die NO_x-Emission ihren Maximalwert annimmt. Im gleichen Bild sind zusätzlich die entsprechenden Kurven für den Benzinbetrieb festgehalten. Offensichtlich kann über einen späteren Zündzeitpunkt bei Benzinbetrieb im kritischen Luftverhältnisbereich eine deutlichere NO_x-Reduktion erzielt werden.

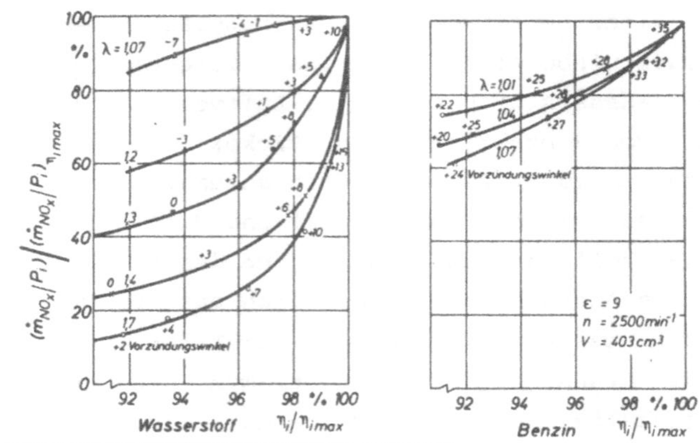

Bild 12: Zusammenhang zwischen Stickoxidemission und Wirkungsgrad bei einem ungedrosselten 1-Zyl-Ottomotor

5.2 Einfluß des Verdichtungsverhältnisses

In den Bildern 13 und 14 ist der Einfluß des Verdichtungsverhältnisses auf die leistungsbezogene NO_x-Emission dargestellt. Es zeigt sich, daß in den kritischen Betriebsbereichen die auf die innere Leistung bezogene NO_x-Emission mit steigendem Verdichtungsverhältnis abnimmt.

In Bild 13 konnte bei einem Verdichtungsverhältnis von 10,5 infolge der Klopfgrenze die Zündung nur für Luftverhältniszahlen oberhalb von 1,3 leistungsoptimal eingestellt werden. Das gleiche gilt in Bild 14 bei einer Luftverhältniszahl von 1,2 für Verdichtungsverhältnisse über 8,7. Bei einer Abmagerung auf ein Luftverhältnis von 1,5 kann der Zündzeitpunkt auch für das höchste Verdichtungsverhältnis noch optimiert werden.

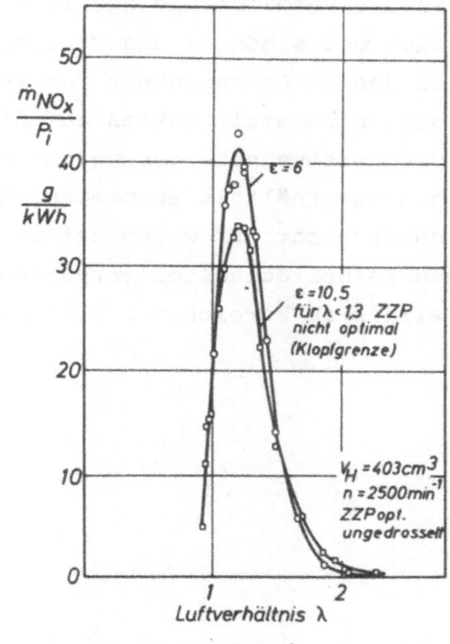

Bild 13: Einfluß des Verdichtungsverhältnisses auf die Stickoxidemission bei Wasserstoffbetrieb

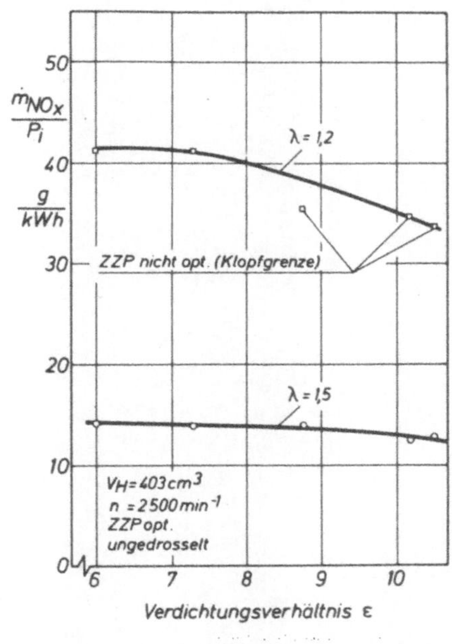

Bild 14: Einfluß des Verdichtungsverhältnisses auf die Stickoxidemission bei Wasserstoffbetrieb

Als Ursache für die Verminderung der leistungsbezogenen Stickoxidemission bei Erhöhung des Verdichtungsverhältnisses ist der Einfluß des in Abhängigkeit vom Verdichtungsverhältnis veränderten Zündzeitpunktes auf die Stickoxidemission und die Leistungssteigerung des Motors bei erhöhtem Verdichtungsverhältnis anzusehen. Der Wasserstoffmotor sollte daher nicht nur wegen seines Verbrauchs, sondern auch wegen seines Schadstoffverhaltens mit einem Verdichtungsverhältnis im Bereich von 9 bis 10 betrieben werden.

6. Motorkennfelder

6.1 Wirkungsgrad

Das Teillastverhalten eines Motors ist für die Beurteilung im Hinblick auf seine Eignung als Fahrzeugantrieb besonders wichtig, weil bei diesem Einsatzzweck der Motor häufig im Bereich geringer bis mittlerer Lasten und Drehzahlen betrieben wird. Dementsprechend werden Abgas- und Verbrauchstests im wesentlichen auch nur in diesen Bereichen gefahren.

Wie bereits erwähnt, gestatten die weiten Zündgrenzen von Wasserstoff-Luft-Gemischen beim Wasserstoffmotor - ähnlich wie beim Dieselmotor - eine reine Qualitätsregelung. Dadurch ergeben sich im Teillastbereich durch die verringerten Drosselverluste deutliche Wirkungsgradvorteile im Vergleich zu einem quantitätsgeregelten Motor.

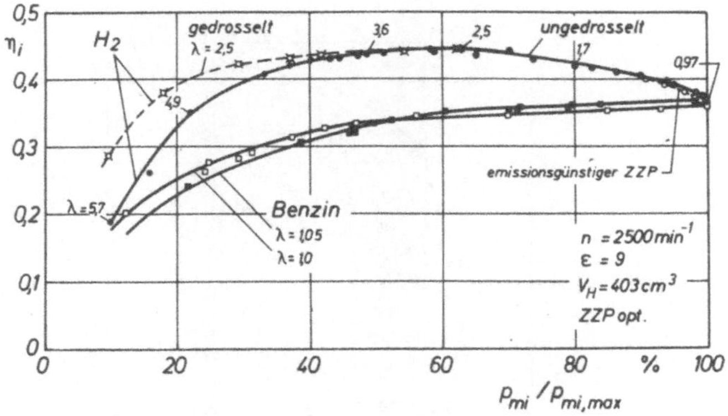

Bild 15: Vergleich des inneren Wirkungsgrades eines 1-Zyl.-Ottomotors bei Benzin- und Wasserstoffbetrieb

Im Bild 15 sind die Innenwirkungsgrade bei Benzin- und Wasserstoffbetrieb in Abhängigkeit von dem auf den Vollastwert bezogenen Mitteldruck aufgetragen. Der Benzinmotor wurde - wie üblich - mit Drosselregelung,der Wasserstoffmotor ungedrosselt und qualitätsgeregelt gefahren. Nur im Bereich der Vollast und der sehr niedrigen Teillast erreicht der Benzinmotor die Innenwirkungsgrade des Wasserstoffmotors. Im gesamten übrigen Lastbereich ist der mit Wasserstoff betriebene Ottomotor eindeutig überlegen.

Eine weitere Verbesserung des Wirkungsgradverhaltens des Wasserstoffmotors läßt sich dadurch erzielen, daß man im oberen Teillastbereich bei Luftverhältniszahlen größer als 2,5 eine Qualitätsregelung verwendet und für kleinere Lasten mit Hilfe einer Drosselklappe eine Quantitätsregelung mit einem konstanten Luftverhältnis von 2,5 vorsieht. Der sich dann ergebende Wirkungsgradverlauf ist in Bild 15 durch eine gestrichelte Linie gekennzeichnet.

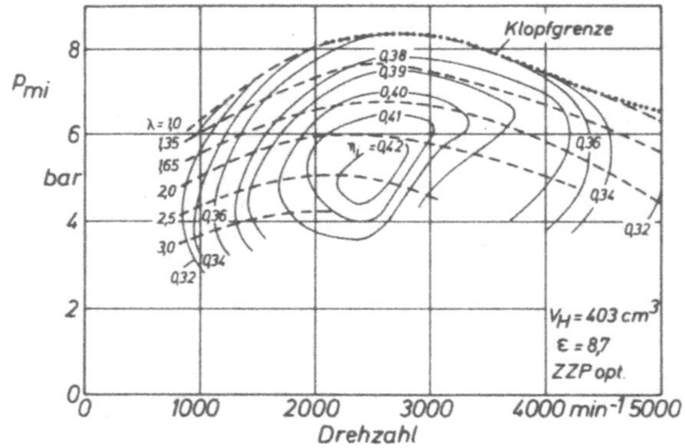

Bild 16: Kennfeld eines ungedrosselten 1-Zyl.-Ottomotors bei Wasserstoffbetrieb

Einen Eindruck vom Wirkungsgradverhalten des Wasserstoffmotors im gesamten Drehzahl- und Lastbereich gibt das in Bild 16 dargestellte Kennfeld. Der Motor wurde im gesamten Bereich ungedrosselt betrieben. Der Zündzeitpunkt wurde stets leistungsoptimal eingestellt. Im Kennfeld sind Innenwirkungsgrad und Luftverhältnis als Parameter gewählt. Die Vollastlinie wird im höheren Drehzahlbereich durch die Klopfgrenze bestimmt.

Der Verlauf der Wirkungsgradlinien und die Lage des Optimums erinnern an dieselmotorische Kennfelder. Bei diesen liegt der Bereich des optimalen Brennstoffverbrauchs aufgrund der Qualitätsregelung im Bereich mittlerer Lasten, während beim benzinbetriebenen Ottomotor sich das Wirkungsgradmaximum relativ nahe an der Vollastlinie befindet. Ein Fahrzeug, mit einem Wasserstoffmotor ausgerüstet, dürfte daher in einem Verbrauchstest, der eine Stadtfahrt simuliert, einen günstigen Verbrauch aufweisen, da die dort auftretenden Lastzustände in der Nähe des Wirkungsgradoptimums liegen.

6.2 Stickoxidemission

Einen Vergleich der Stickoxidemission zwischen Benzin- und Wasserstoffbetrieb bei einer mittleren Drehzahl wird in Bild 17 wiedergegeben. Die Kurven für die Stickoxidemissionen entsprechen dabei den in Bild 15 dargestellten Wirkungsgradkurven. Es zeigt sich, daß die Stickoxidemission des Wasserstoffmotors lediglich im Bereich hoher Mitteldrücke die Werte des Benzinmotors übersteigt. Im Teillastbereich ist die Stickoxidemission beim Wasserstoffmotor wesentlich niedriger als beim Benzinmotor. Für Mitteldrücke, die kleiner als 70 % des Vollastwertes sind, wird die Stickoxidbildung bei Wasserstoffbetrieb infolge des mageren Betriebes vernachlässigbar klein. Beim Benzinmotor sind hingegen noch größere Werte zu verzeichnen.

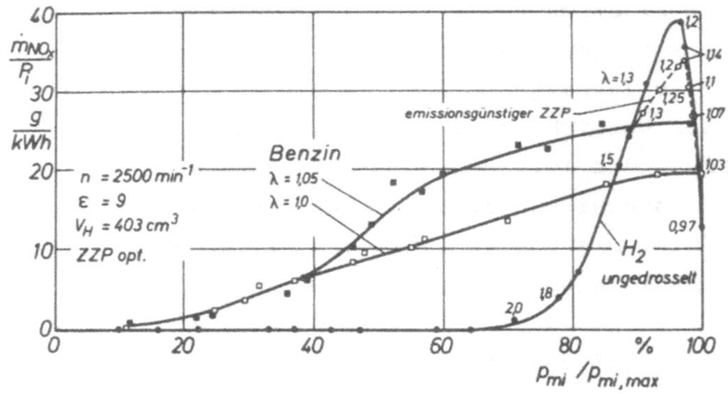

Bild 17: Vergleich der Stickoxidemission eines 1-Zyl.-Ottomotors bei Benzin- und Wasserstoffbetrieb

Es wurde bereits erwähnt, daß die Stickoxidemission durch einen späteren (emissionsgünstigeren) Zündzeitpunkt verringert werden kann. Der Einfluß dieser Maßnahme ist ebenfalls dem Bild 17 zu entnehmen. Die dementsprechende - relativ geringe - Verschlechterung des Wirkungsgrades ist in Bild 15 eingezeichnet.

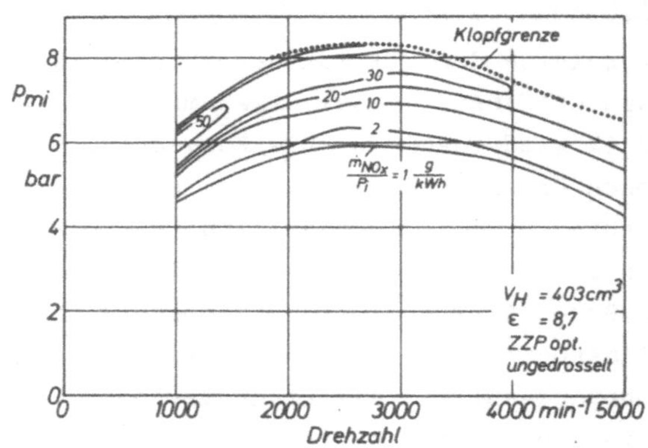

Bild 18: NO_x-Kennfeld eines 1-Zyl.-Ottomotors bei Wasserstoffbetrieb

Einen Überblick über das Stickoxid-Emissionsverhalten im gesamten Drehzahl- und Lastbereich vermittelt Bild 18. Es zeigt das NO_x-Kennfeld eines gemischgeregelten, ungedrosselten Wasserstoffmotors. Hohe Stickoxidemissionswerte treten im gesamten Drehzahlbereich nur in der Nähe der Vollast auf. Im Bereich mittlerer und niedriger Lasten wird bei der Wasserstoffverbrennung, die dann wegen der Qualitätsregelung mit hohem Luftüberschuß durchgeführt wird, nur sehr wenig Stickoxid gebildet. Dementsprechend wird ein Fahrzeug, welches hauptsächlich im Teillastbereich betrieben wird, nur sehr geringe Stickoxidmengen emittieren.Im Stadtbetrieb und bei den Abgastests, die einen Stadtbetrieb simulieren, wird folglich ein mit einem Wasserstoffmotor betriebenes Fahrzeug bei Verwendung des beschriebenen Regelkonzeptes wesentlich günstiger als ein benzinbetriebenes Fahrzeug abschneiden, ohne daß irgendwelche zusätzlichen Maßnahmen zur Abgasentgiftung vorgesehen werden müssen.

7. Verbrennungsprozeß

Die Grundlage für die Analyse des Verbrennungsprozesses ist die Kenntnis des Brennraumdruckverlaufes in Abhängigkeit vom Kurbelwinkel. Die Druckmessung im Brennraum wurde mit Hilfe eines Quarzdruckgebers vorgenommen, der eine dem Brennraumdruck proportionale elektrische Spannung liefert. Dieses Spannungssignal wird mit Hilfe eines Ladungsverstärkers so verstärkt, daß es auf einem Oszilloscop sichtbar gemacht und mit einem entsprechenden Datenverarbeitungssystem ausgewertet werden kann. Die Zuordnung des Drucksignals zur entsprechenden Stellung der Kurbelwelle und somit zum entsprechenden Brennraumvolumen erfolgt über eine Schlitzscheibe. Die Schlitzscheibe liefert zusammen mit einem Feldplattengeber im Abstand von 1 °KW Impulse, denen dann die druckproportionalen Spannungswerte des Quarzdruckgebers zugeordnet werden können. Die Weiterverarbeitung der Daten erfolgte alternativ mit Hilfe einer Klassiereinheit, eines Fourier-Analysators oder eines Prozeßrechners.

7.1 Druckverlauf im Brennraum

Zur einfachen quantitativen Auswertung wurden zunächst Druckverläufe mit Hilfe eines Speicheroszillografen aufgezeichnet. Die Ergebnisse sind in Bild 19 dargestellt. Randbedingungen für die Versuche waren ein leistungsoptimal eingesteller Zündzeitpunkt und eine vollgeöffnete Drosselklappe. Der Vergleich zwischen Benzin- und Wasserstoffbetrieb läßt erkennen, daß bei Wasserstoffbetrieb ein steileres Abknicken von der Kompressionslinie in das Druckdiagramm der gefeuerten Maschine zu verzeichnen ist. Dieser Übergang ist bei Benzinbetrieb sanfter. Erst bei sehr magerem Betrieb - in Bild 19 bei einem Luftverhältnis von 1,92 - findet auch beim Wasserstoffmotor ein weniger steiler Übergang statt. Außerdem ist ersichtlich, daß die Spitzendrücke im Brennraum des mit Wasserstoff betriebenen Motors deutlich unter den Werten bei Benzinbetrieb liegen.

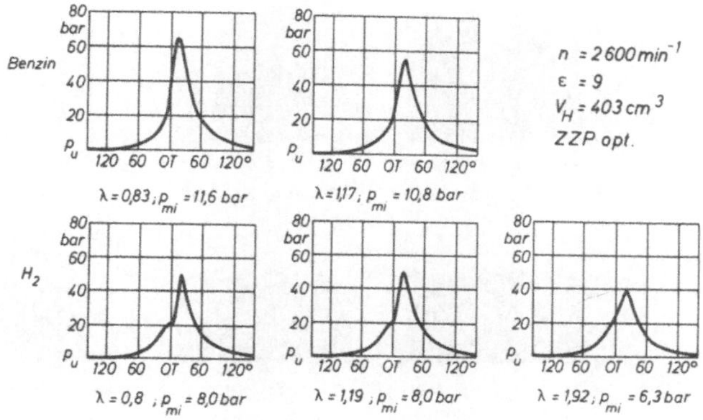

Bild 19: Druckverläufe bei Benzin- und Wasserstoffbetrieb eines ungedrosselten 1-Zyl.-Ottomotors

7.2 Zyklische Schwankungen des Spitzendruckes

Bild 20 zeigt die zyklischen Schwankungen des Spitzendruckes bei Benzin- und Wasserstoffbetrieb. In diesem Bild sind die Spitzendrücke aufeinanderfolgender Zyklen säulenartig nebeneinander abgebildet. Jede Säule charakterisiert den Spitzendruck eines Indikatordiagramms. Die bei verschiedenen Luftverhältnissen aufgenommenen Bilder zeigen eindeutig, daß die zyklischen Schwankungen bei Benzinbetrieb wesentlich stärker als bei Wasserstoffbetrieb sind und bei Benzinbetrieb im mageren Bereich stark zunehmen. Der Wasserstoffmotor zeigt auch unter sehr mageren Betriebsbedingungen geringere zyklische Schwankungen als der mit einem fetteren Luftverhältnis betriebene Benzinmotor.

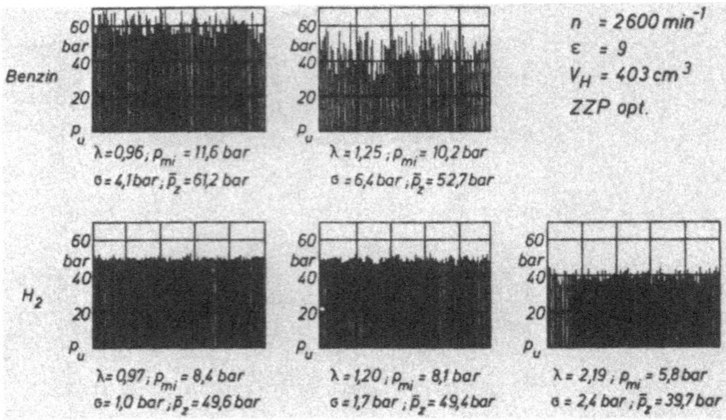

Bild 20: Spitzendrücke bei Benzin- und Wasserstoffbetrieb eines ungedrosselten 1-Zyl.-Ottomotors

Die quantitativen Auswertungen dieser Zusammenhänge sind den Bildern 21 und 22 zu entnehmen. Mit Hilfe einer elektronischen Klassiereinheit wurden dazu die Spitzendrücke von ca. 3000 aufeinanderfolgenden Arbeitsspielen im gleichen Betriebspunkt statistisch erfaßt und ausgewertet. Sowohl bei Benzin- als auch bei Wasserstoffbetrieb erreicht der Zünddruck seinen Maximalwert im fetten Betriebsbereich bei einem Luftverhältnis von etwa 0,9. Bei größeren Luftverhältniszahlen fällt der Zünddruck ab. Im gesamten Betriebsbereich liegen bei gleichem Luftverhältnis der Zünddruck und damit die durch diesen hervorgerufenen mechanische Belastungen bei Benzin- höher als bei Wasserstoffbetrieb.

Als Maß für die Größe der zylischen Schwankungen aufeinanderfolgender Arbeitsspiele ist in Bild 22 die Standardabweichung des Zünddruckes in Abhängigkeit vom Luftverhältnis wiedergegeben. Die Standardabweichung charakterisiert die mittlere Abweichung der Spitzendrücke der einzelnen Zyklen von ihrem Mittelwert. Im gesamten Luftverhältnisbereich liegt die Standardabweichung bei Benzinbetrieb wesentlich höher als bei Wasserstoffbetrieb.

Außerdem nimmt sie im mageren Bereich bei Benzin stark zu. Bei Wasserstoff hingegegen ist nur eine leichte Zunahme mit wachsendem Luftverhältnis zu verzeichnen.

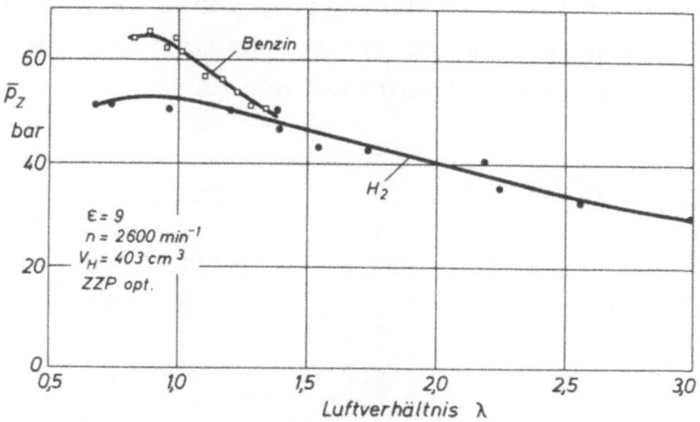

Bild 21: Mittelwert des Zünddruckes bei einem ungedrosselten 1-Zyl.-Ottomotor

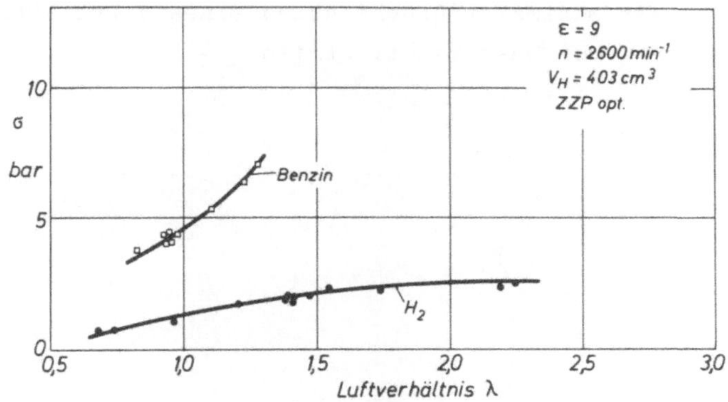

Bild 22: Standardabweichung σ des Zünddruckes bei einem ungedrosselten 1-Zyl.-Ottomotor

7.3 Maximaler Druckanstieg

Die maximalen Werte für den Druckanstieg dp/dα werden im Motorenbau im allgemeinen als Indiz dafür angesehen, ob eine Verbrennung "hart" oder "weich" abläuft. Hohe Werte für den maximalen Druckanstieg deuten auf eine harte Verbrennung mit hoher Triebwerkbelastung bzw. auf einen rauhen und lauten Motorlauf hin.

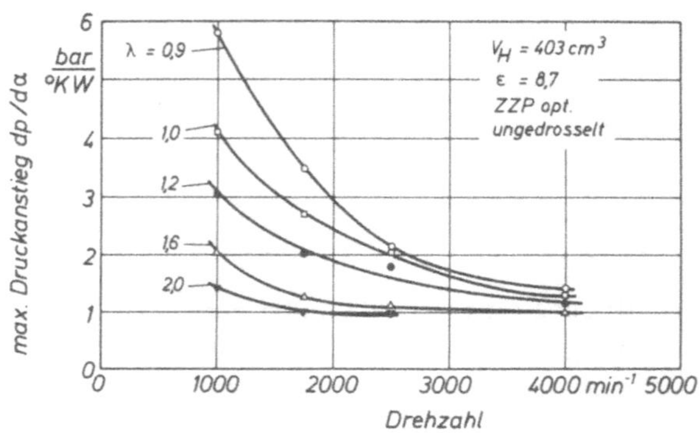

Bild 23: Maximaler Druckanstieg eines 1-Zyl.-Ottomotors bei Wasserstoffbetrieb

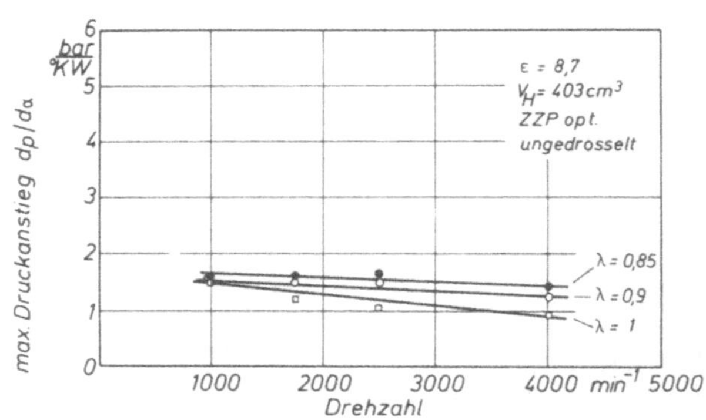

Bild 24: Maximaler Druckanstieg eines 1-Zyl.-Ottomotors bei Benzinbetrieb

In den Bilder 23 und 24 sind für Wasserstoff- und Benzinbetrieb die Maximalwerte des Druckanstieges für den ungedrosselten Motor in Abhängigkeit von Drehzahl und Luftverhältnis aufgetragen. Die Werte wurden mit Hilfe eines Fourier-Analysators ermittelt, der es ermöglicht, eine beliebige Anzahl von Druckverläufen bei einer Schrittweite von 1 °KW on line aufzunehmen und zu mitteln. Bei den Versuchen wurde jeweils ein mittlerer Druckverlauf aus 300 Zyklen berechnet. Dieser mittlere Druckverlauf wurde zusammen mit der vom Rechner gebildeten 1. und 2. Ableitung von einem Plotter aufgezeichnet. Es zeigt sich, daß die hohe Brenngeschwindigkeit des Wasserstoffes bei fetten Brennstoff-Luft-Gemischen im Bereich niedriger Drehzahlen zu hohen Druckanstiegswerten führt. Bei einer Drehzahl von 1000 min^{-1} werden bis zu 6 bar/°KW erreicht. Im Bereich höherer Drehzahlen nehmen die maximalen Druckanstiegswerte und ihre Abhängigkeit vom Luftverhältnis stark ab. Bei einer Drehzahl von 4000 min^{-1} liegt der maximale Druckanstieg auch bei fettem Motorbetrieb lediglich bei 1,5 bar/°KW.

Wie Bild 24 zeigt, stellen sich die Verhältnisse beim benzinbetriebenen Motor anders dar. Eine größere Drehzahlabhängigkeit des maximalen Druckanstieges ist praktisch nicht vorhanden. Die Abhängigkeit vom Luftverhältnis ist im betrachteten Bereich für alle Drehzahlen gleichbleibend gering.

Die Ergebnisse lassen den Schluß zu, daß beim Wasserstoffbetrieb die Energieumsetzung bei niedrigen Drehzahlen offensichtlich zu schnell abläuft. Beim Übergang zu höheren Drehzahlen wird die Brenngeschwindigkeit nicht in einem Maße wie beim Benzinbetrieb gesteigert, so daß sich die Energieumsetzung im Verhältnis zur Prozeßdauer, die durch die Drehzahl gegeben ist, verlangsamt und somit der motorischen Gegebenheit besser angepaßt ist.

7.4 Leistungsspektren des Zylinderdruckes

Die Ermittlung der Maximalwerte für den Druckanstieg ergaben erste Hinweise auf ein möglicherweise verstärktes Verbrennungsgeräusch des mit Wasserstoff betriebenen Motors. Zur genaueren Überprüfung dieser Zusammenhänge wurde das Drucksignal zusätzlich mit Hilfe eines Fourier-Analysators untersucht und der entsprechende Leistungspegel des Zylinderdruckes in Abhängigkeit von der Frequenz ermittelt. Die Bilder 25 bis 28 geben die entsprechenden Plotterdiagramme wieder. Bei den Versuchen wurde ein 10 kHz-Tiefpaßfilter verwendet. Aufgezeichnet wurden Bandpegel mit einer Bandbreite von 39 Hz.

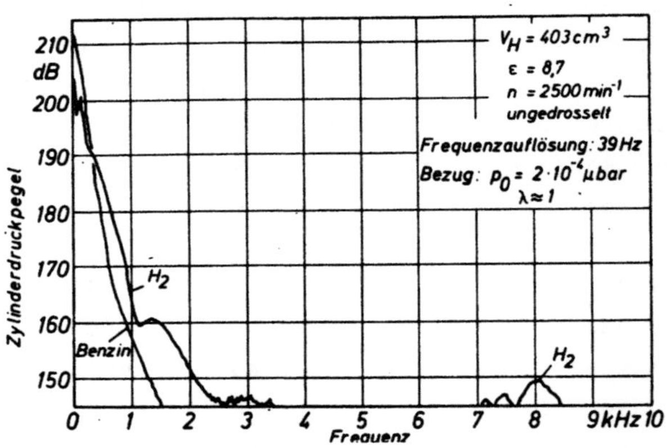

Bild 25: Leistungsspektrum des Zylinderdruckes eines 1-Zyl.-Ottomotors bei Wasserstoff- und Benzinbetrieb

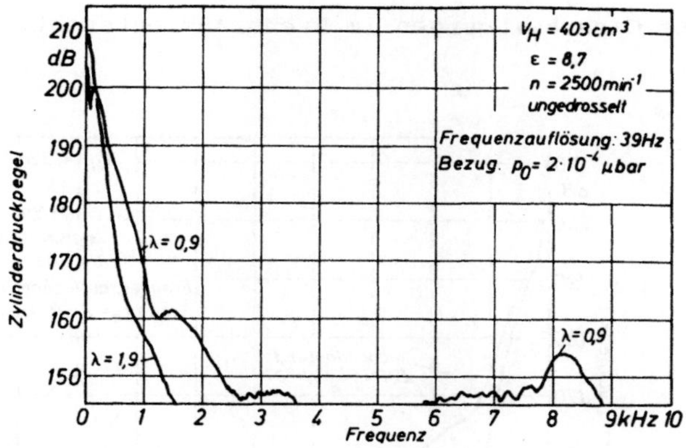

Bild 26: Leistungsspektrum des Zylinderdruckes eines 1-Zyl.-Ottomotors bei Wasserstoffbetrieb

Bild 25 zeigt, daß bei der Wasserstoffverbrennung das Zylinderdruckspektrum höhere Bandpegel als bei der Benzinverbrennung aufweist, wenn in beiden Fällen der Motor mit gleicher Drehzahl und gleichem Luftverhältnis betrieben wird. Höhere Anregungspegel treten besonders im Bereich zwischen 0,5 und 3,5 kHz, sowie im Bereich bei 8 kHz auf. Die Vermutung, daß der Wasserstoff ein höheres Verbrennungsgeräusch verursacht, wird somit gestützt.

In Bild 26 ist der Einfluß des Luftverhältnisses und damit der Last auf das Leistungsspektrum des Wasserstoffmotors wiedergegeben. Im niederfrequenten Bereich bei ca. 500 Hz ergeben sich nur geringe Pegeldifferenzen. Oberhalb dieser Frequenz werden bei fettem Motorbetrieb alle Bandpegel im Vergleich zum mageren Betrieb deutlich angehoben. Der Motor wird somit lauter.

Die Plotterdiagramme des Leistungspektrums bei klopfendem und nicht klopfendem Wasserstoffbetrieb zeigt Bild 27. Bei gleichem Luftverhältnis wurde der klopfende Betrieb durch eine Vorverlegung des Zündzeitpunktes bewerkstelligt. Es wird deutlich, daß bei klopfender Verbrennung das Zylinderdruckpegelniveau im gesamten Frequenzbereich angehoben wird. Typisch für die klofpende Verbrennung ist die

Pegelüberhöhung im Bereich von etwa 8 kHz, die durch hochfrequente Gasschwingungen im Brennraum entsteht.

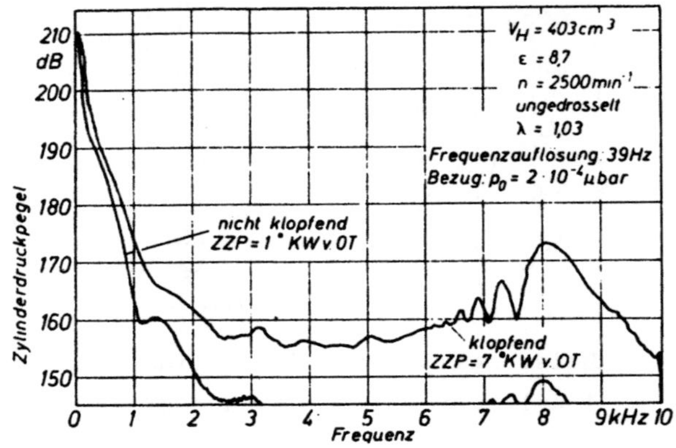

Bild 27: Leistungsspektrum des Zylinderdruckes eines 1-Zyl.-Ottomotors bei Wasserstoffbetrieb

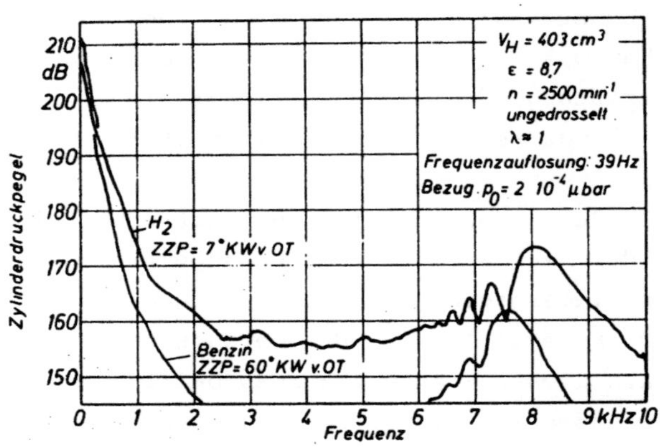

Bild 28: Leistungsspektrum des Zylinderdruckes eines 1-Zyl.-Ottomotors bei klopfendem Betrieb

Auch der in Bild 28 dargestellte Vergleich klopfender Betriebszustände bei Wasserstoff und Benzin zeigt für den Wasserstoffmotor ein höheres Pegelniveau. Die für das Klopfen charakteristische Pegelüberhöhung im Bereich von etwa 8 kHz tritt sowohl bei Wasserstoff als auch bei Benzin auf. Verglichen mit dem Benzinbetrieb verschiebt sich jedoch bei Wasserstoffbetrieb das Maximaum zu höheren Frequenzen. Dieses läßt sich durch die veränderten Stoffdaten der Ladung bzw. des Abgases bei Verwendung eines anderen Brennstoffes erklären.

8. Maßnahmen zur Verbesserung des Betriebsverhaltens

Bei einem mit Wasserstoff betriebenen Motor wird der mögliche Betriebsbereich durch abnormale Verbrennungserscheinungen eingeschränkt, die im wesentlichen durch seine Reaktionsfreudigkeit und die schnelle Energieumsetzung hervorgerufen werden. Zu diesen unerwünschten Verbrennungserscheinungen zählen die Rück-, Früh- und Glühzündungen, das Klopfen und der hohe Druckanstieg bei niedrigen Drehzahlen.

Die Rückzündungserscheinungen konnten erfolgreich mit dem in Abschnitt 3 beschriebenen Luftvorlagerungssystem vermieden werden. Mit Hilfe dieser Einrichtung ist bei homogener Gemischbildung im Saugrohr ein rückzündungsfreier Betrieb im gesamten Drehzahl- und Lastbereich möglich. Die ebenfalls bereits erwähnte Verwendung von Zündkerzen mit einem hohen Wärmewert und eines natriumgekühlten Auslaßventils verhinderten bei sauberem Brennraum (keine Verbrennungsrückstände bzw. Ölkohleablagerungen) den Entstehen von Früh- und Glühzündungen.

8.1 Einfluß des Verdichtungsverhältnisses auf die Klopfneigung

Ein Weg zur Verringerung der Klopfneigung besteht in einer entsprechenden Absenkung des Verdichtungsverhältnisses, so daß auch bei hohen Drehzahlen der Zündzeitpunkt bei voller Last leistungsoptimal eingestellt werden kann. Die entsprechenden Versuche haben gezeigt, daß für ein Verdichtungsverhältnis von 6 auch bei einer Drehzahl von 4000 min^{-1} der Zündzeitpunkt noch optimiert werden kann, während bei einem Verdichtungsverhältnis von 10,5 eine Drehzahl von 1500 min^{-1} die obere Grenze darstellt. Da mit einer Verringerung des Verdichtungsverhältnisses allerdings auch der erreichbare Mitteldruck und der Wirkungsgrad deutlich abfallen, dürfte ein Kompromiß bei einem Wert von etwa 9 liegen, sofern keine anderen Maßnahmen zur Verringerung der Klopfneigung vorgesehen werden.

8.2 Einfluß der Brennraumform auf die Klopfneigung

Beim benzinbetriebenen Ottomotor kann die Klopfneigung durch die Brennraumform beeinflußt werden. Ein kompakter, wenig zerklüfteter Brennraum mit kleinem Oberflächen-Volumen-Verhältnis und zentral angeordneter Zündkerze neigt besonders dann wenig zum Klopfen, wenn die Ladungsbewegung durch entsprechende Quetschflächen erhöht wird.

Beim Wasserstoffmotor konnten die Klopferscheinungen im Bereich höherer Drehzahl durch die Brennraumform nur geringfügig beeinflußt werden. Unabhängig von der Größe der Quetschfläche tritt die Klopfgrenze, die durch eine gerade noch mögliche Zündzeitpunktoptimierung definiert wurde, etwa bei der gleichen Drehzahl auf. Dieses deutet darauf hin, daß sich die Klopfneigung eines mit Wasserstoff betriebenen Motors durch Erhöhung der Ladungsbewegung nicht wesentlich verringern läßt. Beim Benzinmotor sorgt die erhöhte Ladungsbewegung dafür, daß die Flammenausbreitungsgeschwindigkeit (vektorielle Summe aus Transportgeschwindigkeit und Brenngeschwindigkeit) so stark erhöht wird, daß die gesamte Ladung durchbrennt, bevor im Restgemisch eine Selbstzündung auftritt. Wird Wasserstoff als Brennstoff verwendet, ist die Flammenausbreitungsgeschwindigkeit hauptsächlich durch die - im Vergleich zum Benzinbetrieb - wesentlich größere Brenngeschwindigkeit bestimmt. Dementsprechend kann durch eine Erhöhung der Transportgeschwindigkeit beim Wasserstoffmotor nur eine verhältnismäßig geringe Zunahme der Flammenausbreitungsgeschwindigkeit erreicht werden. Der Einfluß, der durch die Brennraumform auf diese Weise auf die Klopferscheinungen ausgeübt wird, kann somit nur gering sein, wenn man davon ausgeht, daß das Wasserstoffklopfen ähnlich dem Benzinklopfen durch Selbstzündungen im Restgas nach entsprechenden Vorreaktionen entsteht.

8.3 Klopfhemmende Zusätze

Eine weitere Möglichkeit zur Reduktion der Klopfneigung bietet die Zumischung klopfhemmender Mittel zum Brennstoff. Beim Benzin wird zu diesem Zwecke u. a. Bleitetraäthyl verwendet. Auch MTBE (Methyltertiärbuthyläther) ist als klopfhemmender Zusatz bekannt. Aus diesem Grunde wurde bei homogenem Wasserstoffbetrieb zusätzlich MTBE ins Saugrohr eingespritzt. Bei diesen Untersuchungen konnte grundsätzlich eine Leistungsgewinn verzeichnet werden. Dieser war jedoch geringer als die Zunahme der maximalen Gemischarbeit verursacht durch die MTBE-Beimischung. Ein deutlicher Leistungsgewinn, der über die Zunahme der maximalen Gemischarbeit hinausging, wurde erst dann erreicht, wenn die eingespritzte MTBE-Menge für praktische Belange zu groß wird. Zumindest MTBE scheint somit als klopfhemmendes Additiv nicht geeignet zu sein.

8.4 Verringerung des maximalen Druckanstieges durch Veränderung der Brennraumform

Der hohe maximale Druckanstieg des Wasserstoffmotors bei niedriger Drehzahl und höherer Last kann nur verringert werden, wenn die Verbrennung entsprechend verlangsamt wird. Beim Benzinmotor kann die Energieumsetzung durch die Verwendung einer Brennraumform, die eine geringe Ladungsbewegung erzeugt, verzögert werden. Beim Wasserstoffmotor zeigte sich jedoch eine nur geringe Beeinflussung des Verbrennungsablaufes und damit des Druckanstieges bei Verwendung anderer Brennraumformen. Bei verschiedenen Kolbenformen, deren Quetschfläche bei gleichen Verdichtungsverhältnis zwischen 10 und 72 % der Kolbenfläche betrug, wurden praktisch die gleichen maximalen Werte für den Druckanstieg gemessen.

8.5 Wassereinspritzung und Abgasrückführung

Es ist bekannt, daß der Reaktionsverlauf bei der Verbrennung verzögert werden kann, wenn Inertstoffe, die nicht mehr an der Reaktion teilnehmen, der Ladung zugemischt werden. Solche Inertstoffe sind z. B. das Abgas der Motors oder auch Wasser. Versuche mit Abgasrückführung zeigten, daß die Verbrennung mit diesem Verfahren tatsächlich in der gewünschten Weise verzögert werden konnte. Damit muß jedoch eine deutliche Leistungseinbuße hingenommen werden infolge der Verringerung der maximalen Gemischarbeit.

Um die Wirksamkeit der Wassereinspritzung zu untersuchen, wurde das vorhandene Einspritzsystem für flüssige Brennstoffe, das im übrigen auch für die Saugrohreinspritzung von MTBE verwendet wurde, entsprechend modifiziert. Die Saugrohreinspritzung von Wasser ermöglichte ohne Verwendung des Luftvorlagerungssystems einen zufriedenstellenden Motorbetrieb im gesamten Drehzahl- und Lastbereich, ohne abnormale Verbrennungserscheinungen wie Rück-, Früh- und Glühzündungen.

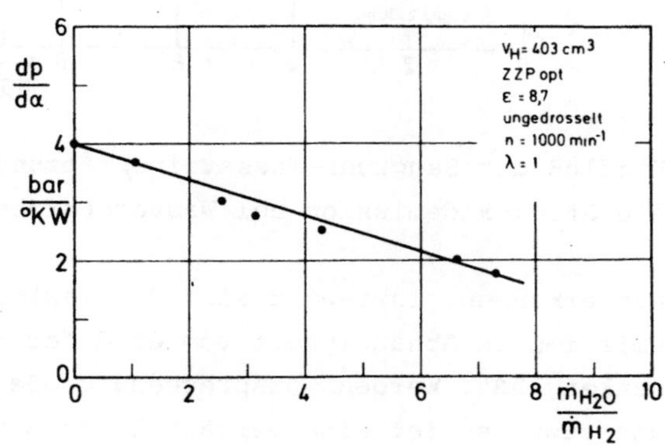

Bild 29: Einfluß der Saugrohr-Wassereinspritzung auf den maximalen Druckanstieg bei Wasserstoffbetrieb

Bild 29 zeigt, wie durch die Wassereinspritzung die maximalen Druckanstiege verringert werden können. Eine Verminderung des maximalen Druckanstieges auf den bei Benzinmotoren üblichen Maximalwert von etwa 2 bar/°KW erfordert allerding ein Wasser-Wasserstoff-Massenstromverhältnis von etwa 6,5. Dies entspricht einem volumetrischen Wasserverbrauch, der um etwa 30 % größer ist als der Benzinverbrauch des gleichen Motors, wenn er bei gleicher Drehzahl stöchiometrisch betrieben wird. Die Wassereinspritzung verringert allerdings die Klopfneigung, so daß der Zündzeitpunkt bei der Zufuhr genügend großer Wassermengen auch an der Vollastlinie leistungsoptimal eingestellt werden kann.

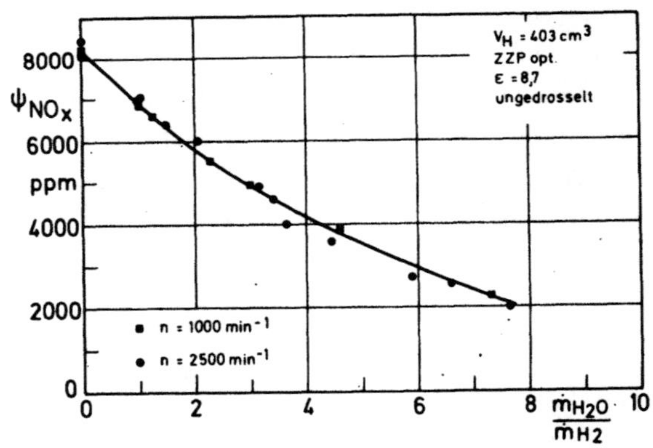

Bild 30: Einfluß der Saugrohr-Wassereinspritzung auf die Stickoxidemission bei Wasserstoffbetrieb

Bild 30 läßt erkennen, inwieweit sich die maximale Stickoxidemission in Abhängigkeit vom Grad der Wasserzumischung senken läßt. Werden entsprechend große Wassermengen eingesetzt, so ist eine beträchtliche Abnahme der NO_x-Bildung - im übrigen ohne Wirkungsgradnachteil - zu verzeichnen, da die Verbrennungstemperaturen sinken.

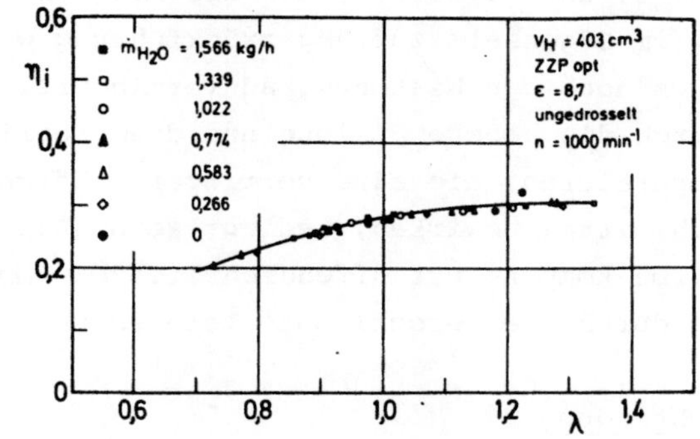

Bild 31: Einfluß der Saugrohr-Wassereinspritzung auf den inneren Wirkungsgrad bei Wasserstoffbetrieb

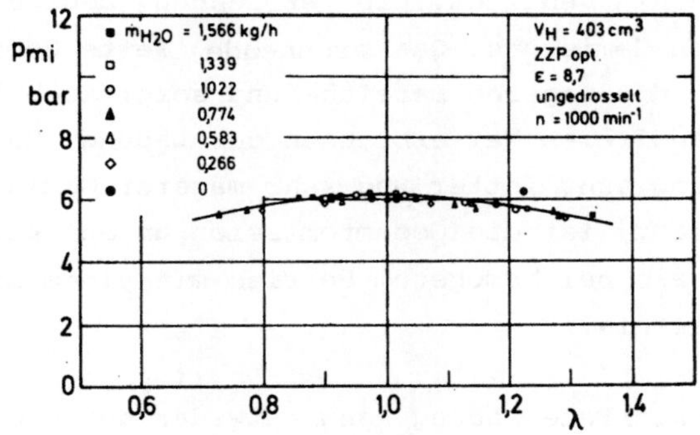

Bild 32: Einfluß der Saugrohr-Wassereinspritzung auf den indizierten Mitteldruck bei Wasserstoffbetrieb

Die Bilder 31 und 32 zeigen, daß die Saugrohr-Wassereinspritzung im Gegensatz zur Abgasrückführung weder den Mitteldruck noch den Wirkungsgrad vermindert. Dieses dürfte durch die höhere Füllung und die niedrigeren Prozeßtemperaturen, die eine verringerte Wärmeabgabe an das Kühlmittel bewirken, bedingt sein. Die geringere Verlustwärme kompensiert offensichtlich die Wirkungsgradnachteile durch die verschleppte Verbrennung.

8.6 Schichtladung

Eine weitere Möglichkeit zur Verringerung der NO_x-Bildung bei der motorischen Verbrennung bietet das Schichtladeverfahren. Bei diesem Verfahren werden im Brennraum getrennte Bereiche mit sehr fetten und sehr mageren Luftgemischen gebildet. Die Verbrennung beginnt im Bereich des fetten Gemisches. Das brennende fette Gemisch erfaßt dann die mageren Bereiche und sorgt auch dort für ein einwandfreies Weiterbrennen der Ladung. Da bei der Verbrennung sehr fetter und sehr magerer Gemische wenig NO_x entsteht, ist die Gesamtemission an Stickoxiden geringer als bei homogenem Betrieb mit einem mittleren Luftverhältnis.

Eine geschichtete Ladung kann entweder durch einen unterteilten Brennraum mit einer Nebenkammer (4), in der die Zündung erfolgt, oder ähnlich wie bei direkteinspritzenden Dieselmotoren durch eine direkte Brennstoffzufuhr in den Brennraum, die Zonen reicheren und ärmeren Gemisches entstehen läßt, erzeugt werden.

Es wurden zwei verschiedene Verfahren mit nicht unterteiltem Brennraum untersucht. Zum einen wurde mit einem Röhrchen - ähnlich dem in Bild 3 dargestellten - eine Wasserstoffsträhne durch das geöffnete Einlaßventil in den Brennraum eingeblasen, während das Saugrohr nur mit reiner Luft beaufschlagt wurde. Mit Hilfe dieses Verfahrens konnte jedoch nur eine geringe Reduktion des Stickoxidmaximums erzielt werden. Offensichtlich bildete sich in der Zeit zwischen der Wasserstoffeinblasung und der Zündung wieder ein fast homogenes Gemisch im Brennraum.

Bei dem zweiten Verfahren wurde der Wasserstoff nach Abschluß des Ladungswechsels bei bereits geschlossenem Einlaßventil mit hohem Druck direkt eingeblasen und zwar an die Wand des in Bild 3 dargestellten Wannenbrennraumes. Dabei wurde eine drehschiebergesteuerte Einblasevorrichtung verwendet. Ein Betrieb des Motors mit diesem Direkteinblasesystem war zwar möglich, zeigte aber bisher noch keine gravierenden Vorteile. Für weitere Untersuchungen müßte allerdings die drehschiebergesteuerte Einblasevorrichtung weiterentwickelt bzw. durch ein mechanisch oder hydraulisch gesteuertes System ersetzt werden.

Da die Direkteinblasung von Wasserstoff einen Brennstoffspeicher voraussetzt, der einen relativ hohen Vordruck liefert, dürfte dieses Verfahren bei der Anwendung der Metallhydridspeicher im übrigen mit Nachteilen verbunden sein. Eine Vorverdichtung des Wasserstoffes ist wegen der dazu erforderlichen hohen Verdichterleistung nach heutigem Wissensstand unwirtschaftlich.

9. Zusammenfassung

Die zunehmenden Verknappungserscheinungen auf dem Sektor der flüssigen fossilen Brennstoffe gaben Anlaß für Untersuchungen im Hinblick auf die Eignung von Wasserstoff als Kraftstoff für Verbrennungsmotoren. Dabei wurde als Versuchsträger ein Einzylinder-Viertakt-Ottomotor eingesetzt, der den spezifischen Belangen des Wasserstoffbetriebes angepaßt wurde. Hierzu zählt z. B. ein Luftvorlagerungssystem, mit dem im gesamten Betriebsbereich - auch bei fettem Betrieb und hoher Drehzahl - die bekannten Rückzündungserscheinungen erfolgreich vermieden werden konnten. Um vergleichende Aussagen zu erhalten, konnte bei dem Motor auch Benzin als Kraftstoff verwendet werden.

Die bisherigen Arbeiten haben insgesamt bestätigt, daß der Wasserstoffmotor als einfacher gemischansaugender Motor mit besseren Wirkungsgraden als ein vergleichbarer Benzinmotor zu betreiben ist. Die Leistungsnachteile aufgrund des geringen Gemischheizwertes erfordern allerdings bei gleicher Leistung ein vergrößertes Hubvolumen.

Ein starker Anreiz für die Verwendung von Wasserstoff resultiert aus dem Fehlen einer kohlenstoffhaltigen Abgasemission und aus der geringen Stickoxidemission im Teillastbereich. Diese hat die Ursache in der Qualitätsregelung des Wasserstoffmotors, die infolge der weiten Zündgrenzen dieses Brennstoffs möglich ist. Beim Benzinbetrieb kann diese Regelung infolge der vergleichsweise engen Zündgrenzen nicht angewandt werden.

Eine Analyse des Verbrennungsprozesses zeigt, daß die zyklischen Schwankungen des Spitzendruckes bei Wasserstoff auch bei magerem Betrieb sehr gering sind, sodaß mit einer guten Laufruhe zu rechnen sein dürfte. Der Spitzendruck selbst liegt beim Wasserstoffbetrieb etwa in der gleichen Größenordnung wie beim Benzinbetrieb, sodaß die mechanischen Beanspruchungen des Motors bei beiden Brennstoffen in etwa die gleichen sein dürften. Der mit homogenem Gemisch betriebene Wasserstoffmotor zeigt allerdings bei niedriger Drehzahl und fettem Gemisch, d.h. hoher Last, wesentlich größere maximale Druckanstiege als der Benzinmotor. Dieses deutet auf eine harte Verbrennung mit höherer Geräuschemission in diesem Teil des Kennfeldes hin. Eine Verminderung des maximalen Druckanstieges war mit Hilfe einer Wassereinspritzung zu erzielen. Diese zeigte auch Vorteile im Hinblick auf die Klopfgrenze bei hoher Last und Drehzahl und im Hinblick auf eine Verminderung der Stickoxidemission im Bereich der Vollast Um Druckanstiege in der Größenordnung der bei Benzinmotoren üblichen Maximalwerte zu erzielen, ist allerdings eine relativ hohe Wasserzufuhr erforderlich.

Insgesamt dürfte aufgrund der bisherigen Ergebnisse Wasserstoff zu den aussichtsreichen zukünftigen Alternativkraftstoffen für Verbrennungsmotoren zählen, sofern die wirtschaftliche Herstellung sichergestellt ist und für die Anwendung im nichtstationären Bereich zufriedenstellende Speichermöglichkeit gefunden werden.

10. Literaturverzeichnis

(1) Pischinger, F.
Schaffrath, M.
Untersuchung von gasförmigen Brennstoffen im Hinblick auf die Schadstoffemission von Ottomotoren
Zwischenbericht über Arbeiten im Jahr 1974, LAT-LAF 02 - 1974, Nov. 1974

(2) Pischinger, F.
Schaffrath, M.
Untersuchung von gasförmigen Brennstoffen im Hinblick auf die Schadstoffemission von Ottomotoren
Zwischenbericht über Arbeiten im 1. Halbjahr 1975, LAT-LAF 02 - 1/1975

(3) Pischinger, F.
Schaffrath, M.
Untersuchungen an einem Wasserstoffmotor und Maßnahmen zur Prozeßverbesserung
FISITA-Kongreß 1976, Tokyo

(4) Saga, K.
Furuhama, S.
Performance and Emission Control in Stratified Charge Hydrogen Fueled Engines
FISITA-Kongreß 1976, Tokyo

(5) N.N.
Neuen Kraftstoffen auf der Spur
Alternative Kraftstoffe für Kraftfahrzeuge - Studie im Auftrage des Bundesministeriums für Forschung und Technologie
Gersbach & Sohn Verlag, München 1974

(6) Eisele, E.
Drexel, K.W.
Ein Vergleich verschiedener Gemischbildungsverfahren am wasserstoffbetriebenen Ottomotor
FISITA-Kongreß 1976, Tokyo

(7) Huber, E.W.
Wodiczka, E.
Bestimmung des Verbrennungsgeräusches von Dieselmotoren mit verschiedenen Verbrennungsverfahren
MTZ 33 (1972)

(8) Haasler, J.
Geräuschverhalten von Viertakt-Dieselmotoren
VDI Forschungsheft 505, 1964

(9) Pischinger, F.
Schaffrath, M.
Rechenprogramm Methanol/Wasserstoff
FVV Forschungsbericht Heft 250, 1978

GPSR Compliance

The European Union's (EU) General Product Safety Regulation (GPSR) is a set of rules that requires consumer products to be safe and our obligations to ensure this.

If you have any concerns about our products, you can contact us on ProductSafety@springernature.com

In case Publisher is established outside the EU, the EU authorized representative is:

Springer Nature Customer Service Center GmbH
Europaplatz 3
69115 Heidelberg, Germany

Batch number: 10584556

Printed by Printforce, the Netherlands